发电企业安全监察图册系列

发电厂氢站区域安全监察图册

国家能源投资集团有限责任公司　编

应 急 管 理 出 版 社

· 北　京 ·

图书在版编目（CIP）数据

发电厂氢站区域安全监察图册／国家能源投资集团
有限责任公司编. －－北京：应急管理出版社，2020
（发电企业安全监察图册系列）
ISBN 978 - 7 - 5020 - 8318 - 2

Ⅰ.①发… Ⅱ.①国… Ⅲ.①发电厂—制氢—安全
监察—图集 Ⅳ.①TM62 - 64

中国版本图书馆 CIP 数据核字（2020）第 182135 号

发电厂氢站区域安全监察图册（发电企业安全监察图册系列）

编　　者	国家能源投资集团有限责任公司
责任编辑	闫　非　刘晓天　张　成
责任校对	陈　慧
封面设计	于春颖

出版发行　应急管理出版社（北京市朝阳区芍药居 35 号　100029）
电　　话　010 - 84657898（总编室）　010 - 84657880（读者服务部）
网　　址　www. cciph. com. cn
印　　刷　中煤（北京）印务有限公司
经　　销　全国新华书店

开　　本　787mm×1092mm$^1/_{16}$　印张　$5^1/_2$　字数　101 千字
版　　次　2020 年 12 月第 1 版　2020 年 12 月第 1 次印刷
社内编号　20200907　　　　　定价　45.00 元

《发电厂氢站区域安全监察图册》
编　写　组

主　　编　刘国跃

副 主 编　江建武　赵振海　赵岫华　康　龙　郭　焘

编写人员　付　昱　黄　宣　柴小康　唐茂林　徐小波　田敬元　刘新民
　　　　　王福宁　李莎莎　姜显军　司宇辉　嘉　兰　陆　峰　张　航

前　　言

　　为认真贯彻"安全第一、预防为主、综合治理"的安全生产方针，落实企业安全生产主体责任，规范履行安全监察监管责任，构建安全风险分级管控和隐患排查治理双重预防机制，国家能源投资集团有限责任公司组织编制了《发电企业安全监察图册系列》。

　　《发电厂氢站区域安全监察图册》是《发电企业安全监察图册系列》的一种。本图册由国家能源投资集团有限责任公司安全环保监察部组织编制，以集团公司所属国华宁东发电公司为标准示范和编写的依托单位。图册严格依据国家、行业以及集团有关规定，充分结合多年来发电厂氢站区域安全管理实践，规范指导发电厂氢站区域设备装置、安全设施、运行维护、应急管理等工作。本图册可作为发电企业各级领导、安全管理人员对发电厂氢站区域安全管理的工具书，也可作为指导、监督、检查的标准规范。

　　本图册在编写过程中得到集团公司领导、国华电力以及国华宁东发电公司主要领导的指导和帮助，谨致以诚挚的谢意。集团公司安全环保监察部多次组织电力行业有关专家开展论证会，对本图册编写内容进行评审修订。希望各单位在使用本图册过程中不断总结、改进，及时向集团安全环保监察部提出更好的建议，以期今后不断吸取更好的经验和做法，使图册得以不断完善提高。

编　者

2020 年 7 月

编 制 依 据

《氢气站设计规范》(GB 50177)

《氢气使用安全技术规程》(GB 4962)

《大中型火力发电厂设计规范》(GB 50660)

《建筑设计防火规范》(GB 50016)

《水电解制氢系统技术要求》(GB/T 19774)

《氢气 第1部分：工业氢》(GB/T 3634.1)

《电业安全工作规程 第1部分：热力和机械》(GB 26164.1)

《呼吸防护 自吸过滤式防毒面具》(GB 2890)

《正压式消防空气呼吸器》(XF 124)

《压力容器定期检验规则》(TSG R7001)

《危险化学品重大危险源安全监控通用技术规范》(AQ 3035》

《危险化学品重大危险源 罐区现场安全监控装备设置规范》(AQ 3036)

《火力发电企业生产安全设施配置》(DL/T 1123)

《电力设备典型消防规程》(DL 5027)

《火力发电厂职业安全设计规程》(DL 5053)

《发电厂化学设计规范》(DL 5068)

《电力建设施工技术规范 第6部分：水处理和制（供）氢设备及系统》(DL 5190.6)

《火力发电厂建筑装修设计标准》（DL/T 5029）

《人身防护应急系统的设置》（HG/T 20570.14）

《防止电力生产事故的二十五项重点要求》（国能安全〔2014〕161 号）

目　　　录

第一章 总 体 布 局

一、总平面布置

（1）宜布置在工厂常年最小频率风向的下风侧，并应远离有明火或散发火花的地点；宜布置为独立建筑物、构筑物；宜留有扩建的余地。

（2）不宜布置在人员密集地段和主要交通要道邻近处。

（3）氢气站内应将有爆炸危险的房间集中布置。有爆炸危险房间不应与无爆炸危险房间直接相通。必须相通时，应以走廊相连或设置双门斗。

总平面布置

1

二、生产区

（1）氢站用房包括电解间、化验室、值班室、卫生间、氢气罐间和空气罐间等。

（2）氢气罐的形式，应根据所需储存的氢气容量、压力状况确定。当氢气压力小于 6 kPa 时，应选用湿式储气罐；当氢气压力为中、低压，单罐容量大于或等于 5000 N·m³ 时，宜采用球形储罐；当氢气压力为中、低压，单罐容量小于 5000 N·m³ 时，宜采用筒形储罐；氢气压力为高压时，宜采用长管钢瓶式储罐等。

电解间　　　　　　化验间　　值班室　卫生间

氢气罐间

（3）有爆炸危险房间与无爆炸危险房间之间，应采用耐火极限不低于3.0 h的不燃烧体防爆防护墙隔开。当设置双门斗相通时，门的耐火极限不应低于1.2 h。有爆炸危险房间与无爆炸危险房间之间，必须穿过管线时，应采用不燃烧体材料填塞空隙。

（4）有爆炸危险房间的上部空间应通风良好，顶棚内表面应平整，避免死角。

（5）各类制氢系统中，设备及其管道内的冷凝水均应经各自的专用疏水装置或排水水封排至室外。水封上的气体放空管应分别接至室外安全处。

| 补滴器 | 通风设施 | 补滴器排污管道 | 整流柜冷却水 |

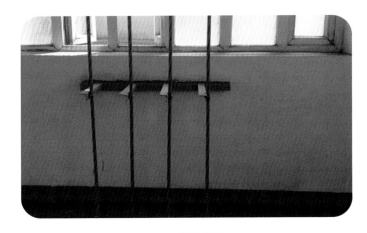

氢气管道

平行管道

（6）综合管线。

① 氢气管道与氧气管道平行布置时，中间应用不燃物将管道隔开，或间距不小于 500 mm；氢气管道与氧气管道的阀门、法兰及其他机械接头，在错开 500 mm 以上的条件下，其最小平行净距离可减小到 250 mm，氢气管道应布置在外侧；分层敷设时，氢气管道应位于上方；

② 凡与电解液接触的设备和管道，不得在其内部涂刷红丹和其他防腐漆；如已涂刷，则应在组装前清洗干净；

③ 厂区内氢气管道直接敷设在铁路或不便开挖的道路下面时，应加设套管。套管的两端伸出铁路路基、道路路肩或延伸至排水沟沟边的长度应为 1 m。套管内的管段不宜有焊缝。

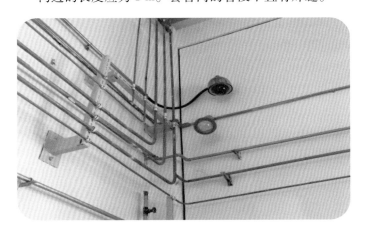

综合管线

（7）控制操作间和配电间。

① 在有爆炸危险环境内的电缆及导线敷设，应符合国家标准《电力工程电缆设计标准》（GB 50217）的规定；

② 敷设导线或电缆用的保护钢管，必须在导线或电缆引向电气设备接头部件前以及相邻的环境之间做隔离密封；

③ 制氢站的配电间、控制操作间电气、通信设施的设计应符合《爆炸危险环境电力装置设计规范》（GB 50058）的规定。

配电间

三、围墙

（1）制氢站储氢罐周围 10 m 处，应设有非燃烧材料的实体围墙（如条件不允许时，距离可以适当减少，但需经本单位消防部门同意，并报当地公安消防部门批准），围墙距厂内主要道路路边不应小于 10 m，距次要道路路边不应小于 3 m，与放空管口的距离不应小于 5 m；避雷针的保护物范围应高出管口 1 m 以上。

（2）氢气站、供氢站、氢气罐区，宜设置不燃烧体的实体围墙，其高度不应小于 2.5 m。

（3）当同一建筑物内，布置有不同火灾危险性类别的房间时，其间的隔墙应为防火墙。同一建筑物内，宜将人员集中的房间布置在火灾危险性较小的一端。

储气罐与墙的距离

墙体高度

四、道路

　　道路应相互贯通。当装置宽度小于或等于 60 m，且装置外两侧设有消防车道时，可不设贯通式道路；道路的宽度不应小于 4 m，路面上的净空高度不应小于 4.5 m。

道路

五、出入口

（1）有爆炸危险房间的安全出入口不应少于 2 个，其中 1 个应直通室外。面积不超过 $100~m^2$ 的房间可只设 1 个直通室外的出入口。

（2）生产区应设置两个及以上对角或对向布置的安全出口。安全出口门应向外开，以便危险情况下人员安全疏散。

安全出口

安全出口门向外开

第二章　设　备　设　施

一、系统设施

（1）水电解制氢系统包括下列单体设备或装置：水电解槽及其辅助设备——分离器、冷却器、压力调节阀、碱液过滤器、碱液循环泵，原料水制备装置，碱液制备及贮存装置，氢气纯化装置，氢气储罐，氢气压缩机气体检测装置，直流电源，自控装置等。

（2）水电解制氢系统应设有下列装置：

① 设置压力调节装置，以维持水电解槽出口氢气与氧气之间一定的压力差值，宜小于 0.5 kPa；

② 每套水电解制氢装置的氢出气管与氢气总管之间、氧出气管与氧气总管之间，应设放空管、切断阀和取样分析阀；

③ 设有原料水制备装置，包括原料水箱、原料水泵等。原料水泵出口压力应与制氢系统工作压力相适应。

（3）水电解制氢系统应设置吹扫置换接口。

水电解制氢系统

放空阀

取样阀

制氢补水泵

二、水电解槽

（1）电解小室的电极材质、涂层等应根据槽体设计、水电解制氢系统的总体要求确定。

（2）隔膜材质应符合《隔膜石棉布》（JC/T 211）的规定，并应按槽体设计的技术要求和供货条件确定。

（3）密封垫片的选择应确保水电解槽在工作状态不渗漏，并能承受槽体开、停车时的工作状态变化，其质量应符合《石棉橡胶板》（GB/T 3985）或具体水电解槽槽体设计所选材质的相关标准。

（4）铸件内外表面应光滑，不得有气泡、裂纹及厚度显著不均的缺陷。

（5）主要焊接结构的焊缝不得有气孔、夹渣和裂纹等缺陷。

（6）对移动式水电解制氢系统的防护罩或外壳的设置，应符合下列规定：

① 当直接接触或间接接触潮湿气体后，可能影响单体设备或零部件技术性能或使用功能时，应采取防护措施或选用防潮材质；

② 防护罩或外壳应采用不燃烧材料，最小厚度宜为 0.6 mm，一般可采用镀锌钢板等；对面积较大的防护罩，按强度或刚性需

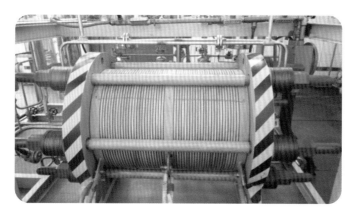

电解槽

11

求，采取加强措施或双层结构；

③ 防护罩或外壳需设保温层时，应按《设备及管道绝热设计导则》（GB/T 8175）设计，其保温材料应采用不燃烧材料，应设置避免材料飞扬、散落的措施；

④ 防护罩或外壳的内表面必须平整，无氧气积聚空间，并在顶部最高处设排气口；若有 2 处或以上顶部存在最高处时，则应在每个最高处均设排气口；

⑤ 防护罩或外壳内应设有氢气浓度报警装置，并与排风机或吹扫置换气体关断阀连锁；

⑥ 防护罩或外壳内应在方便检查、维修的位置设检查口、维修口，其数量和尺寸应按检查、维修对象或功能确定。检查口、维修口应设有视窗或盖板。

电解槽防护罩

三、压力容器

（1）水电解制氢系统的压力容器主要用于气液分离、冷却和储存。压力容器的设计、制造、检验和验收应符合《固定式压力容器安全技术监察规程》(TSG 21)、《压力容器》(GB 150)、《热交换器》(GB/T 151) 的规定。

（2）容器的工作压力是指在水电解制氢系统正常工作状态下，容器顶部可能达到的最高压力。

（3）容器的材质应满足氢气/氧气和电解液在系统工作状态的要求。当采用不锈钢板时应符合《不锈钢热轧钢板和钢带》(GB/T 4237) 的规定，采用碳素钢板时应符合《锅炉和压力容器用钢板》(GB 713) 的规定。

（4）容器的规格、尺寸、壁厚应通过计算确定，并留有必要的余量。

（5）容器的布置应根据水电解制氢系统的总体设计，并尽力做到顺应制氢流程、连接管路短、方便操作和维修。

压力容器

四、氢气纯化器

（1）氢气纯化器用于去除氢气中的氧杂质、水分等。采用催化法去除氧杂质，采用降温法和吸附法去除氢气中的水分。

（2）氢气纯化器中各类容器的设计、制造、检验、验收均应符合《固定式压力容器安全技术监察规程》（TSG 21）、《压力容器》（GB 150）、《热交换器》（GB/T 151）的规定。

（3）氢气纯化过程的温度控制等，宜采用自动控制装置控制。

（4）氢气纯化后对氧、水分的痕量杂质浓度的检测宜设置连续检测仪器。

氢气设备

纯化器

五、氢气汇流排

（1）氢气汇流排应设 2 组或以上，一组供气、一组倒换钢瓶。每组钢瓶的数量应按用户最大小时耗量和供气时间确定。

（2）汇流排的压力表计、压力调节器、氢气过滤器、阀门等组件应检验合格。

（3）汇流排装置安装水平允许偏差为 10 mm，垂直允许偏差为 1.5 mm。

氢瓶组出口调压阀（连接气瓶组与汇流排）

氢气集管压力变送器　　氢气集管压力表

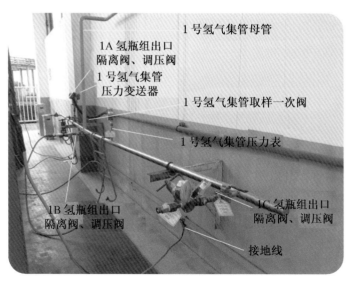

单组汇流排设备

氢气集管取样一次阀

15

六、氢气储罐

（1）氢气站、供氢站一般采用气态储存氢气，主要有高、中、低压氢气罐。金属氢化物储氢装置等，通常应符合下列要求：

① 储氢量应满足制氢或供氢系统的供氢能力与用户用氢压力、流量均衡连续的要求；

② 采用金属氢化物储氢装置时，应设有氢气纯化装置、换热装置及相应的控制阀门等。

氢气储罐

（2）氢气罐应有静电接地设施。所有防静电设施应定期检查、维修，并建立设备档案。

（3）常压型氢气罐宜采用湿式贮气柜，工作压力为 4.0 kPa。

（4）压力型氧气罐有筒形或球形压力容器，也可用氢气钢瓶组或长管氢气钢瓶等。工作压力应按水电制氢系统工艺流程、氢气使用特点确定。氢气球形罐的制造、检验应符合《钢制球形储罐》（GB 12337）的规定，氢气钢瓶应符合《钢制无缝气瓶》（GB 5099）和《气瓶安全技术监察规程》（TSG R0006）的规定。

（5）压力型氢气罐上或其进气/出气管第 1 个切断阀前必须设泄压用安全阀，安全阀应符合《安全阀　一般要求》（GB/T 12241）的规定。常压型氧气罐，应设自动放空管。

（6）移动式水电解制氢系统的氢气罐，若设置在防护罩或外壳内，其氢气容量不得超过 20 m³。当氧气回收并设有氧气罐时，氢气罐与氧气罐应分别设在不同的底座和防护罩内。氧气罐应按规定进行脱脂处理。

（7）氢气罐应安装放空阀、压力表、安全阀，立式或卧式变压定容积氢气罐安全阀宜设置在容器便于操作的位置，宜安装两台相同泄放量并可并联或切换的安全阀，以确保安全阀检验时不影响罐内氢气的使用。

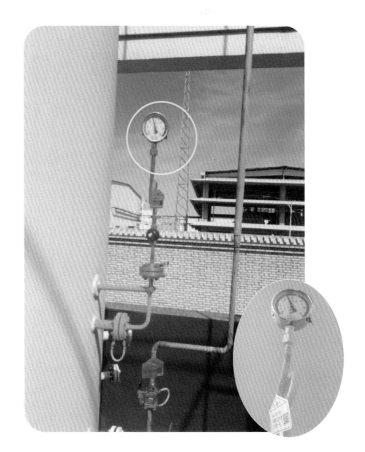

氢罐压力表

17

（8）氢气罐放空阀、安全阀和置换排放管道系统均应设排放管，并应连接装有阻火器或有蒸汽稀释、氮气密封、末端设置火炬燃烧的总排放管。

（9）罐区应设有防撞围墙或围栏，并设置明显的禁火标志。

（10）氢气储存容器应设置如下安全设施：

① 应设有安全泄压装置，如安全阀等；

② 氢气储存容器顶部最高点宜设氢气排放管；

③ 应设压力监测仪表；

④ 应设惰性气体吹扫置换接口。惰性气体和氢气管线连接部位宜设计成两截一放阀或安装"8字"盲环板。

（11）氢气储存容器底部最低点宜设排污口。

底部排污口

总排放管

七、氢气管道及附件

（1）氢气管道应设置分析取样口、吹扫口，其位置应能满足氢气管道内气体取样、吹扫、置换的要求；最高点应设置排放管，并在管口处设阻火器；湿氢管道上最低点应设排水装置。氢气管道应采取保温措施，当需要进行保温时，其保温材料应为不燃烧材料。

（2）氢气管道穿过墙壁或楼板时，应敷设在套管内，套内的管段不应有焊缝。管道与套管间，应采用不燃烧材料填塞。

（3）氢气管道与其他管道共架敷设或分层布置时，氢气管道宜布置在外侧或上层。

（4）厂区内氢气管道明沟敷设时，应符合下列规定：

① 管道支架应采用不燃烧体；

② 在寒冷地区，湿氢管道应采取防冻措施；

③ 不应与其他管道共沟敷设。

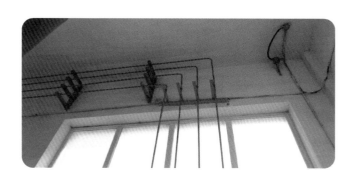

氢气管道及附件

（5）在危险化学品管道及其附属设施外缘两侧各 5 m 地域范围内，管道单位发现下列危害管道安全运行的行为时应当及时予以制止，无法处置时应当向当地安全生产监督管理部门报告：

① 种植乔木、灌木、藤类、芦苇、竹子或者其他根系深达管道埋设部位可能损坏管道防腐层的深根植物；

② 取土、采石、用火、堆放重物、排放腐蚀性物质、使用机械工具进行挖掘施工、工程钻探。

围墙外绿化带

八、阀门

（1）压力调节器/阀用于水电解槽出口氢气侧、氧气侧的压力平衡或水电解和氢系统外供氢气/氧气的压力调节。

（2）根据水电解制氢系统生产过程的气流切断、分析、测试、吹除置换的要求，应在相关位置设置关闭阀/切断阀。

气动阀

氧侧压力调节阀

氢罐安全阀

减压阀

气动薄膜调节阀

气动排空阀

四通阀

（3）关闭阀/切断阀的工作压力、温度参数，应按其在系统中的所在位置确定，此类阀门的选择应充分考虑氢气的特性，而纯氢系统阀门的选择还应确保纯氢不被污染。当氢气系统采用电动阀时，应按《爆炸危险环境电力装置设计规范》（GB 50058）的规定选用相应防爆等级的阀门。

（4）水电解制氢系统的阀门，在安装前应逐个进行气密性泄漏量检测，应符合《氢气站设计规范》（GB 50177）、《工业金属管道工程施工规范》（GB 50235）的规定。

（5）氢气系统的阀门宜采用气体球阀、截止阀，当氢气管道工作压力大于 0.1 MPa 时，不得采用闸阀。

（6）氢气管路上阀门应使用聚四氟乙烯填料或石墨填料。

九、氢气瓶（集装瓶）

（1）氢气实瓶和空瓶应分别存放在位于装置边缘的仓间内，并应远离明火或操作温度等于或高于氢气自燃点的设备。

（2）氢气瓶的设计、制造和检验应符合《气瓶安全技术监察规程》(TSG R0006) 的要求。

（3）根据《气瓶颜色标志》(GB/T 7144) 氢气瓶体应为淡绿色，20 MPa 气瓶应涂有淡黄色色环，并用红漆涂有"氢气"字样和充装单位名称。应经常保持漆色和字样鲜明。

（4）因生产需要在室内（现场）使用氢气瓶，其数量不得超过 5 瓶，室内（现场）的通风布置符合如下要求：

① 氢气瓶与盛有易燃易爆、可燃物质及氧化性气体的容器和气瓶的间距不应小于 8 m；

② 与明火或普通电气设备的间距不应小于 10 m；

③ 与空调装置、空气压缩机和通风设备（非防爆）等吸风口的间距不应小于 20 m；

④ 与其他可燃性气体储存地点的间距不应小于 20 m。

（5）氢气瓶瓶体在运输中瓶口应设有瓶帽（有防护罩的气瓶除外）、防震圈（集装气瓶除外）等其他防碰撞装置，以防止损坏阀门。

氢气瓶标注

（6）氢气瓶搬运中应轻拿轻放，不得摔滚，严禁撞击和强烈震动。不得从车上往下滚卸，氢气瓶运输中应严格固定。

（7）储存和使用氢气瓶的场所应通风良好，不得靠近火源、热源及在太阳下暴晒，不得与强酸、强碱及氧化剂等化学品存放在同一库内。氢气瓶与氧气瓶、氯气瓶、氟气瓶等应隔离存放。

（8）氢气瓶使用时应装减压器，减压器接口和管路接口处的螺纹，旋入时应不少于五牙。

（9）气瓶嘴冻结时应先将阀门关闭，后用温水解冻。

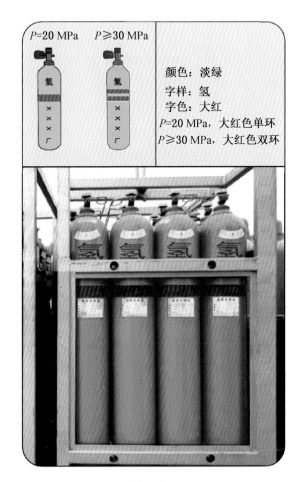

$P=20$ MPa	$P\geqslant30$ MPa	颜色：淡绿 字样：氢 字色：大红 $P=20$ MPa，大红色单环 $P\geqslant30$ MPa，大红色双环

氢气瓶标注

（10）气瓶应直立地固定在支架上，不应受热，应避免直接受日光照射，防止倾倒。气瓶、管路、阀门和接头应固定，不得松动位移，且管路和阀门应有防止碰撞的防护装置。

（11）气瓶阀门如有损坏，应由相关资质单位检修。

（12）根据《气瓶安全技术监察规程》（TSG R0006）的规定，氢气瓶应定期（每3年）进行检验，气瓶上应有检验钢印及检验色标。

（13）气瓶集装装置应有防止管路和阀门受到碰撞的防护装置；气瓶、管路、阀门和接头应经常维修保养，不得松动移位及泄漏。

（14）氢气瓶集装装置的汇流总管和支管均宜采用优质紫铜管或不锈钢钢管。为保证焊缝的严密性，紫铜管及管件的焊接采用银纤焊，焊接完成后对管道、管件、焊缝进行消除应力及软化退火处理。集装装置的汇流总管和支管使用前应经水压试验合格。

（15）氢气瓶可布置在封闭或半敞开式建筑物内，汇流排及电控设施宜分别布置在室内。

（16）返厂氢气瓶的余压不应低于0.05 MPa。余压不符合要求的气瓶、水压试验后的气瓶以及新气瓶等在充装前应按规定要求进行加热、抽空和置换。

（17）氢气的充装、标志及贮运应符合《压缩气体气瓶充装规定》（GB 14194）及《气瓶安全技术监察规程》（TSG R0006）的相关规定。

（18）瓶装氢的成品压力在20℃时为（13.5±0.5）MPa。用于测量的压力表精度不低于2.5级。

十、排放管与排放口

（1）氢气排放管应采用金属材料，不得使用塑料管或橡皮管。

（2）氢气排放口垂直设置。当排放含饱和水蒸气的氢气（产生两相流）时，在排放管内应引入一定量的惰性气体或设置静电消除装置，保证排放安全。

（3）室内排放管的出口应高出屋顶2 m以上。室外设备的排放管应高于附近有人员作业的最高处2 m以上。

（4）排放管应设静电接地，并在避雷保护范围之内。

（5）排放管应有防止空气回流的措施。

排放管高出屋顶2 m以上

十一、电气系统设备

（1）爆炸危险区域内电气设备应符合《爆炸性环境　第1部分：通用要求》（GB 3836.1）的要求，防爆等级应为Ⅱ类，C级，T1组，因需要在爆炸危险区域使用非防爆设备时应采取隔爆措施：

① 每台水电解槽应采用单独的晶闸管整流器或硅整流器供电，整流器应有调压功能，并应具备自动稳流功能；

② 整流器应配有专用整流变压器，三相整流变压器绕组的一侧，应按三角形（△）接线；

③ 整流装置对电网的谐波干扰，应按国家限制谐波的有关规定执行；

 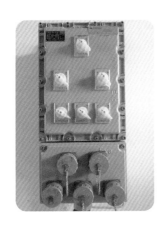  

| 防爆型空调 | 防爆开关 | 整流开关柜 | 硅整流器 |

④ 整流变压器室远离高压配电室时，高压进线侧应设负荷开关或隔离开关；

⑤ 整流器或成套低压整流装置，应设在与电解间相邻的电源室内；电源室的设计应符合《低压配电设计规范》(GB 50054) 的规定；

⑥ 直流线路应采用铜导体，应敷设在较低处或地沟内，当必须采用裸母线时，应有防止产生火花的措施；

⑦ 电解间应设置直流电源的紧急断电按钮，按钮应设在便于操作处。

（2）水电解槽用整流器的选择额定直流电压应大于水电解槽工作电压，调压范围宜为 0.15～0.6 倍水电解槽额定电压；额定直流电流不应小于水电解槽工作电流，宜为水电解槽额定电流的 1.1 倍。

（3）移动式水电解制氢系统的电气设施要求：

① 移动式水电解制氢系统设置在防护罩内的制氢装置区域，其爆炸危险等级应为 1 区，相关的电气设备及配线应按《爆炸危险环境电力装置设计规范》(GB 50058) 的规定进行配置；

② 防护罩的强制通风机及其电动机均应为防爆型；

③ 防护罩内应设有氢气浓度超限报警装置。当氢气浓度超过 0.5% 时，应启动强制通风机排气；当氢气浓度超过 1.0% 时，应停产检查。

防爆型碱液循环泵

防爆接线箱

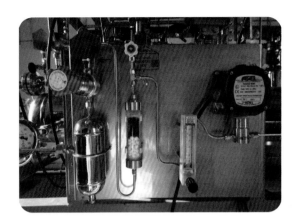

氧中氢分析仪

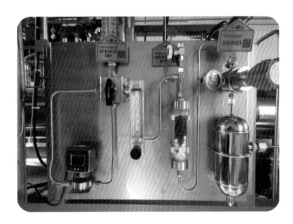

氢中氧分析仪

十二、自动控制及监测装置

（1）氢气站应根据氢气生产系统的需要设置下列分析仪器：

① 氢气纯度分析仪（连续）；

② 纯氢、高纯氢气中杂质含量分析；

③ 原料气纯度或组分分析；

④ 对水电解制氢装置，应设置氧中氢含量和氢中氧含量在线分析仪；当回收氧气时，应设氧中氢含量超量报警装置；

⑤ 根据需要设制氢过程分段气体浓度分析仪。

（2）氢气站、供氢站应根据需要设置下列计量仪器：

① 原料气体流量计；

② 产品氢气或对外供氢的氢气流量计。

（3）氢气灌瓶间与氢气压缩机间之间，应设联系信号。

（4）氢气站、供氢站，应设下列主要压力检测项目：

① 站房出口氢气压力；

② 氢气罐压力；

③ 制氢装置出口压力显示、调节；

④ 水电解制氢装置的氢侧、氧侧压力和压差控制、调节；

⑤ 变压吸附提纯氢系统的每个吸附器的压力显示、吸附压力调节；

⑥ 氢气压缩机进气、排气压力。

（5）氢气站、供氢站，应设下列主要温度检测项目：

① 制氢装置出口气体温度显示；

② 水电解槽（分离器）温度显示、调节；

③ 变压吸附器入口气体温度显示；

④ 氢气压缩机出口氢气温度显示。

（6）传感器及仪表选型，主要考虑测量精度、稳定性与可靠性、防爆和防腐、安装、维护及检修、环境要求和经济性等因素。传感器的指示值漂移在 15～90 d 之内不得超过其规定的误差值。

十三、气体探测器

（1）水电解槽出口氢气中含氧量和氧气中含氢量，氢纯化设备出口氧气中含氧量、露点，回收利用氧气时氧中氢浓度，必须设置气体浓度连续测定，并带报警装置。

（2）制氢电解间和储氢间顶部，应装设固定式测氢装置。

（3）制氢室应设漏氢检测装置。屋顶应设有经常处于开启状态的透气窗，透气窗采用木质结构，门应向外开。

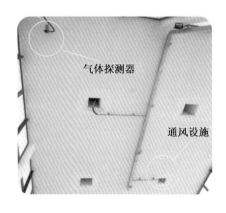

气体探测器

火灾报警系统

可燃气体报警控制器

漏氢检测报警仪

十四、安全监控及报警装置

（1）有爆炸危险的房间内，应设氢气检漏报警装置，并应与相应的事故排风机连锁。当空气中氢气浓度达到 0.4%（体积比）时，事故排风机应能自动开启。

（2）可能导致重大事故或标定、检修和维护困难的场所，宜采用高 SIL 等级的安全监控设备，并根据功能安全相关标准建立安全相关系统。

（3）储存危险化学品的单位，应当在作业场所设置通信、报警装置，并保证处于适用状态。

DCS 集控中心　　火灾报警系统

探头 → 漏氢仪报警 → 生产指挥中心

生产调度　　事故风机连锁（浓度 0.4% 时）

（4）系统应具有根据设定的报警条件进行报警及提示的功能。

（5）系统应设有事故远程报警按钮，此按钮应设在适宜部位并带有防护罩和明显标志。

（6）制氢站、供氢站应设氢气探测器。氢气探测器的报警信号应接入厂火灾自动报警系统。

十五、采暖通风

（1）集中采暖时，室内计算温度应符合下列规定：

① 生产房间不应低于 15 ℃；

② 空瓶、实瓶间不应低于 10 ℃；

③ 氢气罐阀门室不应低于 5 ℃；

④ 值班室、生活间等应按《工业企业设计卫生标准》（GBZ 1）的规定执行。

（2）在计算采暖、通风热量时，应计入制氢装置散发的热量。

（3）氢气罐瓶间、氢气汇流排间和空瓶、实瓶间内的散热器，应采取隔热措施。

（4）自然通风帽应设有风量调节装置，具有防止凝结水滴落的措施。

补水泵间通风设施

采暖设施

十六、灯具

有爆炸危险房间的照明应采用防爆灯具，其光源应采用荧光灯等高效光源。灯具应安装在较低处，但不得装在氢气释放源的正上方。氢气站内应设置应急照明。

 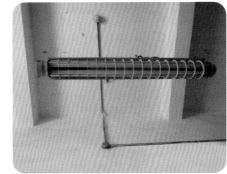 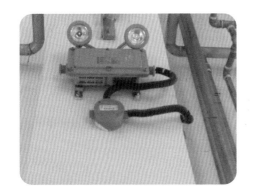

防爆灯具 应急照明

十七、给水排水

（1）氢气站、供氢站内的生产用水，除中断供氢将造成较大损失外，可采用一路供水。

（2）氢气站、供氢站内的冷却水系统，应符合下列规定：

① 冷却水系统宜采用闭式循环水；

② 冷却水供水压力应为 0.15 ～ 0.35 MPa。水质及排水温度应符合《压缩空气站设计规范》(GB 50029) 的要求；

③ 应装设断水保护装置。

（3）氢气站的冷却水排水，应设水流观察装置或排水漏斗。

（4）氢气站排出的废液，应符合《污水综合排放标准》(GB 8978) 的规定。

给水排水

第三章　安　全　设　施

制氢站、供氢站避雷针

一、避雷及接地保护装置

（1）氢气站、供氢站内接地按用途分有电气设备工作（系统）接地、保护接地、雷电保护接地、防静电接地。不同用途接地共用一个总的接地装置时，其接地电阻应符合其中最小值。

（2）氢气站、供氢站内的设备、管道、构架、电缆金属外皮、钢屋架和突出屋面的放空管、风管等应接到防雷电感应接地装置上。管道法兰、阀门等连接处，应采用金属线跨接。

（3）室外架空敷设的氢气管道应与防雷电感应接地装置相连。距建筑 100 m 内的管道，每隔 25 m 左右接地一次，其冲击接地电阻不应大于 20 Ω。埋地氢气管道在进出建筑物处应与防雷电感应接地装置相连。

（4）氢气罐及室外应装设防雷装置，防雷接地装置应每年进行 2 次检测，接地电阻应满足要求，并建立设备档案。

（5）氢气罐等有爆炸危险的露天钢质封闭容器，当其壁厚大于 4 mm 时可不装设接闪器，但应有可靠接地，接地点不应小于 2 处，两接地点间距不应大于 30 m，冲击接地电阻不应大于 10 Ω。氢气放散管的保护应符合《建筑物防雷设计规范》（GB 50057）的要求。

（6）要求接地的设备、管道等均应设接地端子，接地端子与接地线之间可采用螺栓紧固连接；对有振动、位移的设备和管道，其连接处应加挠性连接线过渡。

（7）氢气生产系统的厂房和储氢罐等应有可靠的防雷设施。避雷针与制氢室自然通风口的水平距离不应小于 1.5 m，与强迫通风口的距离不应小于 3 m，与放空管口的距离不应小于 5 m；避雷针的保护范围应高于管口 1 m 以上。

（8）有爆炸危险环境内可能产生静电危险的物体应采取防静电措施。在进出氢气站和供氢站处、不同爆炸危险环境边界、管道分岔处及长距离无分支管道每隔 50 ~ 80 m 处均应设防静电接地，其接地电阻不应大于 10 Ω。

（9）与氢气相关的所有电气设备均应有防静电接地装置，每年至少检测一次接地电阻。

接地保护装置

35

跨接线

二、金属跨接线

（1）氢气设备、管道的法兰、阀门连接处应采用金属（铜质）连接线跨接。

（2）氢气管道应符合下列要求：室内外架空或埋地敷设的氢气管道和汇流排及其连接的法兰间应互相跨接和接地。

（3）设计有静电接地要求的管道，当每对法兰其他接头间电阻值超过 0.03 Ω 时，应设导线跨接，及时释放管道静电。

（4）管道系统中应保证每个法兰、螺纹接头之间的跨接电阻不大于 0.03 Ω，一般均跨接铜片；卸车软管两端则用截面大于 6 mm² 的铜线连接；贮罐、泵和压缩机均应接地。

三、静电释放装置

（1）制氢站入口处应装设静电释放器，并在其上悬挂"静电释放器"名称标志牌。

（2）制氢室入口醒目位置应装设"注意通风"警告标志牌和静电释放铜板，铜板旁应装设"触摸释放静电"指令标志牌。

（3）静电释放装置地面以上部分高度宜为1.0 m，底座应与氢站接地网干线可靠连接。

（4）防静电接地线不得利用电源零线，不得与防直击雷地线公用。

静电释放装置

洗眼器

四、安全淋浴器及洗眼器

（1）在电解液制备间设置一套安全淋浴器及洗眼器装置。

（2）水质要求使用生活用水（饮用水），无生活用水处，应使用过滤水，水压 0.2～0.4 MPa，水温 10～35 ℃ 为宜。当给水的水质较差（指含有固体物），则应在洗眼器前加过滤器，过滤网采用 80 目。

（3）应定期放水冲洗管路，保证水质，每 7 天至少试用 2 次。

（4）所有洗眼器、安全淋浴器的区域必须留设一条至少 1 m 宽的通道；同时留设一个以喷淋头为中心、直径不小于 1.2 m 的空旷区域，并且该区域必须刷成安全色。

（5）安全淋浴器及洗眼器尽量与经常流动的给水管道相连接，该连接管道要求最短。

（6）安全淋浴器的喷淋头（不是组装产品），安装高度以 2.0～2.4 m 为宜。

（7）安全淋浴器及洗眼器的给水管道应采用镀锌管道。

（8）在寒冷的地区选用埋地式安全淋浴器及洗眼器，其进水口与排水口的位置必须在冻土层以下 200 mm，并做好防冻措施。

（9）安全淋浴器及洗眼器处要设置醒目的安全标志牌，标志底色为绿色，字为白色。

（10）埋地式安全淋浴器及洗眼器在进水口和排水口周围约 0.5 m 用 $\phi 10～20$ mm 卵石回填，以保证排水畅通。通常每个安全淋浴器处要设置一个地漏。

五、阻火器

（1）　水电解制氢系统的氧气排空口前应装设阻火器，防止雷击等外部火源返回引起氢气着火。

（2）　阻火器的阻火层结构有砾石型、金属丝网型和波纹型。氢气阻火器的安装应符合《石油气体管道阻火器》（GB/T 13347）规定的要求与方法。

（3）　氢气阻火器应安装在靠近氢气排空口处。阻火器后的氢气管道应采用不锈钢管材。

（4）　氢气放空管应设阻火器。阻火器的设置应有防雨雪侵入和杂物堵塞的措施，压力大于 0.1 MPa，阻火器后的管材应采用不锈钢管。

阻火器

阻火器排放管

第四章 消 防 设 施

一、防火防爆要求

（1）氢气站、供氢站的生产火灾危险性类别应为"甲"类。

（2）氢气站、供氢站严禁使用明火取暖。当设集中采暖时，应采用易于消除灰尘的散热器。

（3）电解间、氢气罐间应满足防火、防爆要求。地面应采用不发火材料。做到平整、耐磨。

（4）制氢站应通风良好，符合《电力设备典型消防规程》（DL 5027），及时排除可燃气体，防止氢气积聚。建筑物顶部或外墙的上部设气窗（楼）或排气孔（通风口），排气孔应面向安全地带。自然通风换气次数每小时不得少于 3 次，事故通风换气次数每小时不得少于 7 次。

（5）氢站消防安全措施应按《建筑设计防火规范》（GB 50016）规定，在保护范围内设置消火栓，配备水带和水枪，并应根据需要配备干粉、二氧化碳等轻便灭火器材或氮气蒸汽灭火系统。

（6）制氢场所应按规定配备足够的消防器材，并定期检查和试验。

二、灭火器

（1）灭火器配置种类及数量应符合《电力设备典型消防规程》（DL 5027）的规定，器材必须设置在明显并便于取用的地点（室内的必须在门口墙边设置），且不得影响安全疏散。

（2）灭火器设置稳固，其铭牌必须朝外；手提式灭火器宜设置在挂钩、托架上或灭火器箱内。

（3）灭火器定位应符合《电力设备典型消防规程》（DL 5027）的规定，设置点的位置应根据灭火器的最大保护距离确定，并应保证最不利点至少在 1 具火器的保护范围内。灭火器的最大保护距离应符合《建筑灭火器配置设计规范》（GB 50140）的规定。

（4）灭火器材存放应符合《火力发电企业生产安全设施配置》（DL/T 1123），安放于不产生静电火花材料制作的箱子里，箱子内部应采取防止灭火器彼此碰撞的措施。

灭火箱

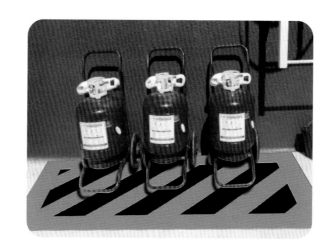

灭火器

第五章 生 产 运 行

一、出入管理

（1）氢气灌（充）装站、供氢站、实瓶间、空瓶间周边至少 10 m 内严禁烟火，严禁放置易爆易燃物品，并应设"严禁烟火"警示牌，应备有必要的消防设备。

出入管理

（2）禁止与工作无关人员进入制氢室和氢罐区。因工作需要进入制氢站的人员应实行登记准入制度，所有进入制氢站的人员应关闭移动通信工具，严禁携带火种，禁止穿带铁钉的鞋。进入制氢站前应先消除静电。

（3）禁止在制氢室、储氢罐、氢冷发电机以及氢气管路近旁进行明火作业或做可能产生火花的工作。如必须在上述地点进行焊接或点火工作，应事先经过氢气含量测定，证实工作区域内空气中含氢量小于3%，并经厂主管生产的领导批准办理动火工作票后方可工作，工作中应每2~4 h测定空气中的含氢量确保符合标准。

（4）制氢和供氢的管道、阀门或其他设备发生冻结时，应用蒸汽或热水解冻，禁止用火烤。为了检查各连接处有无漏氢的情况，可用仪器或肥皂水进行检查，禁止用火检查。

进入登记

放置火种、手机

进入前检查鞋是否带铁钉

进入前交代

进入前释放静电

（5）储氢设备（包括管道系统）和发电机氢冷系统进行检修前，必须将检修部分与相连的部分隔断，加装严密的堵板，并将氢气按规定置换为空气，禁止将氢气排放在建筑物内部。按照规定办理手续后，方可进行工作。

（6）排出带有压力的氢气、氧气或向储氢罐、发电机输送氢气时，应均匀缓慢地打开设备上的阀门和节气门，使气体缓慢地放出或输送。禁止剧烈地排送，以防因摩擦引起自燃或爆炸。

（7）应在线检测制氢设备中的氢气纯度、湿度和含氧量，并定期进行校正分析化验。

| 测氢含量 | 操作阀门 | 操作阀门 | 定期分析化验 |

（8）当强碱溅到眼睛内或皮肤上时，应迅速用大量的清水冲洗，再用2%的稀硼酸溶液清洗眼睛或用1%的醋酸清洗皮肤。经过上述紧急处理后，应立即就医治疗。

（9）值班室内应设有带报警功能的压力调整器液位监测仪表。压力调整器发生故障时应停止电解槽运行。

（10）高浓度氢气会使人窒息，应及时将窒息人员移至通风良好处，进行人工呼吸，并迅速就医。

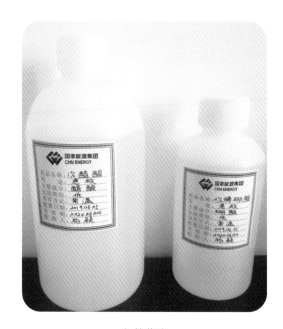
急救药液

人工呼吸

二、运行操作

（1）定期进行校正分析化验。氢气纯度、湿度和含氧量必须符合规定标准，其中氢气纯度不应低于 99.5％，含氧量不应超过 0.5％，氢气湿度（露点温度）应不大于 −25 ℃。如果达不到标准，应立即进行处理，直到合格为止。

（2）油脂和油类不应和氧气接触，以防油剧烈氧化而燃烧。进行制氢设备的维护工作时，手和衣服不应沾有油脂。

（3）吹扫置换气采用含氧量小于 0.5％ 的氮气。

（4）不准用手碰触电解槽，禁止用两只手分别接触到两个不同的电极上。

（5）开启气瓶阀门时，作业人员应站在阀口的侧后方，缓慢开启气瓶阀门。

（6）电解槽氢氧两侧运行的温度差和压力差必须保持在合格的范围内。

（7）应定期测定运行中储氢罐的氢气纯度、湿度和含氧量并保证在合格范围，应根据氢罐内的湿度定期排除氢罐内的凝结水。

（8）在环境温度低于 0 ℃ 的地区，储氢罐的底部排水管道、阀门及安全阀应有防冻措施，防止冻坏管道、阀门。

（9）由制氢站向发电机补充氢气应经储氢罐，禁止由电解槽直接向发电机补氢；储氢罐的氢气入口和供氢出口管路应分别设置，且供氢出口管应从储氢罐内的中上部引出。

（10）对不得中断冷却水供应的冷却水管路，应设有断水保护装置，并设置报警和停机连锁。

（11）氢气储存容器应与氧气、压缩空气、卤素气体、氧化剂及其他助燃性气瓶隔离存放。

触摸电解槽错误图　　　　　　　站在电解槽侧面正确图

（12）置换。

① 氢气系统停运后，应用盲板或其他有效隔离措施隔断与运行设备的联系，应使用符合安全要求的惰性气体进行置换吹扫，置换气体过程中严禁空气与氢气直接接触置换。

a. 惰性气体中氧的体积分数不得超过 3%；

b. 置换应彻底，防止死角末端残留余氢；

c. 氢气系统内氧或氢的含量应至少连续 2 次分析合格，当氢气系统内氧的体积分数小于或等于 0.5%、氢的体积分数小于或等于 0.4% 时置换结束。

② 若储存容器是底部设置进（排）气管，从底部置换时，每次充入惰性气体后应停留 2～3 h 待充分混合后排放，直到分析检验合格为止。

③ 采用注水排气法应符合下列要求：

a. 应保证设备、管道内被水注满，所有氢气被全部排出；

b. 水注满时在设备顶部最高处溢流口应有水溢出，并持续一段时间。

④ 置换吹扫后的气体应通过排放管排放，氢气系统被置换的设备、管道等应与系统进行可靠隔绝。

⑤ 动火作业应实行安全部门主管书面审批制度。氢气系统动火检修，应保证系统内部和动火区域的氢气体积分数最高含量不超过 0.4%。

三、运输装卸

（1）警戒隔离

（2）检查防爆叉车

（3）进入氢站前准备工作，登记、交出火种等

（4）释放静电

（5）运行人员检查确认后解开集装格接地线

（6）运行人员监护、检查，防止误碰设备

（7）防爆叉车装卸氢气

防爆运输车辆

（8）氢气装卸完成后由化学运行人员检测氢气纯度，并对系统连接处进行查漏检验

四、人员管理

（1）作业人员应定期进行专门的安全培训，经考试合格后上岗。特种作业人员应按有关规定进行专业培训，经考试合格后持证上岗，并定期参加复审。

（2）作业人员应无色盲、无妨碍操作的疾病和其他生理缺陷，且应避免作业中服用某些药物后影响操作或判断力。

（3）外来作业人员在进入作业现场前，应由作业现场所在单位组织进行进入现场前的安全培训教育。

安全培训

培训教材

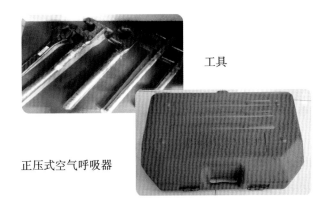

工具

正压式空气呼吸器

五、工器具及物品管理

（1）制氢室中应备有橡胶手套和防护眼镜至少2套。

（2）应备有2%的稀硼酸溶液，1%的醋酸各1瓶。

（3）在充氢设备或在电解装置上进行检修工作，应使用铜制工具，以防发生火花；必须使用钢制工具时，应涂上黄油。

（4）移动式测氢装置至少1台。

（5）正压式呼吸器至少1套。

测氢仪

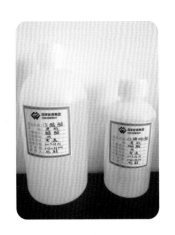

急救药液

氢气露点仪

六、技术管理

1. 氢站防火防爆制度

基本要求：规定氢站防火、防爆的制度。

以下供参考，但不仅限于此。

（1）氢站重地闲人免进，实行出入登记。

（2）进入制氢站禁带火种，严禁吸烟；不准使用无线通信设备。

（3）制氢站内应保持清洁，院内无杂草。

（4）制氢站内禁止存放易燃易爆危险物品。

（5）制氢设备检修必须使用铜制工具，必须使用钢制工具时要涂黄油。

（6）检查漏氢应用仪器或肥皂水进行，禁止用火检查。

（7）进行制氢设备的维护工作时，手和衣服不应沾有油脂。

（8）制氢系统发生冻结时应用蒸汽和热水解冻，禁止用火烤。

（9）制氢室、储氢间及周围禁止明火作业，若在其附近动火要严格执行动火工作票制度。

（10）氢站工作人员进入制氢室要穿防静电工作服,不准穿带有铁钉的鞋。

（11）制氢站应采用防爆型电气装置，室外应有防雷装置。

（12）制氢站应采用木制门窗，门要向外开。

（13）制氢设备检修前，必须将检修部分与其相连部分，加装堵板隔断，同时将氢气置换为空气方可进行工作。

（14）制氢设备操作必须均匀缓慢地进行，防止气体摩擦。

制氢站防火防爆管理制度

1.氢站重地闲人免进，实行出入登记。
2.进入制氢站禁带火种，严禁吸烟；不准使用无线通信设备。
3.制氢站内应保持清洁，院内无杂草。
4.制氢站内禁止存放易燃易爆危险物品。
5.制氢设备检修必须使用铜制工具，必须使用钢制工具时要涂黄油。
6.检查漏氢应用仪器或肥皂水进行，禁止用火检查。
7.进行制氢设备的维护工作时，手和衣服不应沾有油脂。
8.制氢系统发生冻结时应用蒸汽和热水解冻，禁止用火烤。
9.制氢室、储氢间及周围禁止明火作业，若在其附近动火要严格执行动火工作票制度。
10.氢站工作人员进入制氢室要穿防静电工作服，不准穿带有铁钉的鞋。
11.制氢站应采用防爆型电气装置，室外应有防雷装置。
12.制氢站应采用木制门窗，门要向外开。
13.制氢设备检修前，必须将检修部分与其相连部分，加装堵板隔断，同时将氢气置换为空气方可进行工作。
14.制氢设备操作必须均匀缓慢地进行，防止气体摩擦。
15.禁止用两手分别接触到两个不同的电极上。
16.禁止将金属工具放置在运行中的电解槽上。
17.制氢室一旦着火应立即停止电器设备运行，切断电源，排除系统压力，并用二氧化碳灭火。
18.制氢站灭火器材应完好齐全，工作人员必须掌握灭火器使用方法。

管理制度牌

53

（15）禁止用两手分别接触到两个不同的电极上。

（16）禁止将金属工具放置在运行中的电解槽上。

（17）制氢室一旦着火应立即停止电器设备运行，切断电源，排除系统压力，并用二氧化碳灭火。

（18）制氢站灭火器材应完好齐全，工作人员必须掌握灭火器使用方法。

2. 氢站安全管理制度

基本要求：规定氢站安全管理制度。

以下供参考，但不仅限于此。

（1）氢和氧混合有爆炸危险，其下限为：氢5%、氧95%，上限为：氢94.3%、氧5.7%。氢和空气混合也具有爆炸危险，其下限为：氢4.1%、空气95.9%，上限为：氢74.2%、空气25.8%。

（2）氢气设备管道冻结，只能用蒸汽或热水解冻，严禁用火烤。

（3）氢气、氧气系统的阀门，开关应缓慢进行，严禁急剧操作、排放，以免发生自燃爆炸。

（4）氢气系统严密性检查，应使用肥皂水或氢气检漏报警仪进行，严禁用火检测。

（5）制氢室应备有二氧化碳灭火器、石棉布等消防器材，值班员负责妥善保管，并应熟知使用方法。

（6）制氢设备氧气管路、设施不得接触油脂，以防油脂剧烈氧化而燃烧；进行调整维护时，手和衣服不应沾有油脂。

（7）制氢设备运行中进行操作和检修工作应使用铜或镀铜工具，以防止产生火花。

（8）制氢站应备有2%的稀硼酸溶液、防护眼镜、橡胶手套等，以备配制碱液时和设备出现漏碱液故障时防护使用。

（9）制氢站内严禁明火、吸烟以及进行可能产生明火的工作。

（10）工作人员不准穿合成纤维或毛料工作服，进入氢站不准穿钉子鞋。

（11）进入制氢站严禁携带火种，必须关闭手机及其他无线通信工具电源。

（12）外来人员进入制氢站应严格执行"进入制氢站制度"，并且服从当班值班人员的管理。

（13）向发电机补氢，禁止用运行罐。

（14）碱液循环泵运行时，泵的冷却水不能中断。

3. 氢站巡检标准

基本要求：规定巡检项目、巡检次数、巡检标准、文明卫生、主要设备参数等。

4. 氢站设备运行报表

基本要求：每 2 h 记录电解槽电压、电流、槽压、氢槽温度、氧槽温度、氢气温度、循环碱温度、碱循环量、氢中氧仪指示、氧中氢仪指示、充氢罐压力。

5. 氢站定期工作

基本要求：规定氢罐排污、氢站启动前捕滴器排污、运行期间捕滴器和冷凝器排污等定期工作。

6. 氢站进出人员登记本

基本要求：除当班运行人员外，其他人员进出氢站需登记。记录进入时间、人员姓名、事由、离开时间等内容。

7. 运行规程、系统图

（1）运行规程、系统图每年应进行一次复查、修订，修订部分经本单位总工程师批准后，按照受控范围下发到相关岗位。

（2）运行规程、系统图每年进行复查后如不需修订，应出具经复查人、批准人签名的"可以继续执行"的书面文件，并通知相关岗位的运行人员。

（3）运行规程、系统图每 3 年或设备系统有较大变化时，各发电公司应组织对其进行一次全面修订，经本单位总工程师批准后重新印发。

（4）内容包括设备介绍、操作步序、运维事项等。

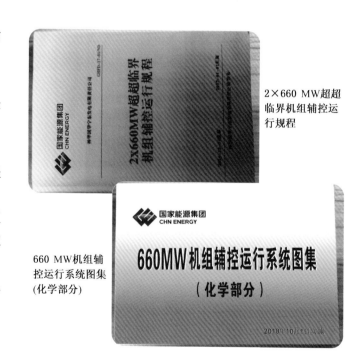

2×660 MW超超临界机组辅控运行规程

660 MW机组辅控运行系统图集（化学部分）

8. 氢站设备启动、停运等操作票

基本要求：规定氢站设备启动、停运等操作的风险预控、标准步序。

9. 氢站氢气纯度、露点记录表

基本要求：对制氢设备产生的氢气品质进行监测，记录氢气纯度、露点。

10. 氢站巡检记录

基本要求：每 2 h 巡检一次，将电解间、补水间、控制间、储罐间等巡检内容规定清楚，检查是否正常。

11. 氢站碱液浓度测定记录

基本要求：每次配碱液时记录浓度，启动氢站前测定浓度。

第六章　检　修　维　护

一、技术监督

（1）储氢罐上的安全门应每年效验一次，采用拆除离线效验方法，不合格的必须更换效验合格的安全阀。压力表每半年校验一次，安全阀一般应每年至少校验一次，确保可靠。

（2）氢罐一般于投产后 3 年内进行首次定期检验。以后的检验周期由检验机构根据压力容器的状况等级，按照以下要求确定：

① 安全状况等级为 1、2 级的，一般每 6 年检验一次；

② 安全状况等级为 3 级的，一般每 3～6 年检验一次；

③ 安全状况等级为 4 级的，监控使用，使用单位应当采取有效的监控措施；

④ 安全状况为 5 级的，应当对缺陷进行处理，否则不得继续使用。

（3）运行 10 年的氢罐，应重点检查氢罐的外形，尤其是上下封头不得出现鼓包和变形现象。

（4）氢气罐新安装（出厂已超过 1 年时间）或大修后应进行压强和气密试验，试验合格后方能使用。压强试验应按最高工作压力的 1.5 倍进行水压试验；气密试验应按最高工作压力试验，以无任何泄漏为合格。

（5）对氢气设备、管道和阀门等连接点进行漏气检查时，应使用中性肥皂水或携带式可燃气体检测报警仪，禁止使用明火进行漏气检查。携带式可燃气体检测报警仪应定期校验。

（6）氢气罐检修或检验作业，进入罐内作业应佩戴氧含量报警仪，同时应有专人监护并采取其他有效的安全防护措施。

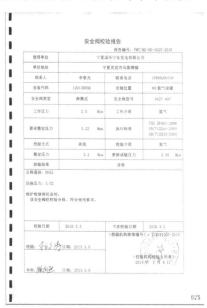

安全阀校验报告

二、检修维护作业

（1）作业前应对作业全过程进行风险评估，制定作业方案、安全措施和应急预案。

（2）安全监护人员应告知作业人员危险点，交代安全措施和安全注意事项。

（3）作业前安全监护人应现场逐项检查应急救援器材、安全防护器材和工具的配备及安全措施的落实情况。

（4）作业前应确认作业单位资质和作业人员的操作能力，确认特种作业人员的资质。

（5）开工前工作负责人与运行人员共同确认隔离措施正确执行，设备内气体置换合格，并测量工作区域内氢气浓度合格后，方可开始工作。

向作业人员交代安全措施和安全注意事项

（6）开工前工作负责人向工作班成员进行安全技术交底，包含工作内容、工作中存在的风险、风险预控措施、施工工序要求。

（7）氢系统设备检修必须使用铜制工具、电动防爆工器具，应选用防爆型检修电源箱，并使用防爆插头。

（8）在氢站或氢气系统附近进行明火作业时，应有严格的管理制度，并应办理一级动火工作票。

（9）检修工作中严禁敲击设备。每2~4 h对工作区域进行氢气浓度合格的测定，发现异常立即停止作业，工作负责人组织工作班成员撤离。

（10）氢气罐检修或检验，进入罐内作业应佩戴氧含量报警仪，同时应有专人监护并采取其他有效的安全防护措施，由作业负责人进行全面检查复核无误后，方可开始入罐作业。

（11）作业人员进罐作业时，罐外应有2人以上监护。制定严格的管理制度，并应办理一级动火工作票。

（12）作业过程中作业人员不得擅离岗位。

（13）作业结束后，所有动用的设备设施应按要求全部复位，并清理现场。

三、程序文件

基本要求：包含程序文件编审表、检修工作任务单、修前准备卡（设备基本参数、设备修前状况、人员准备）、现场准备卡（施工现场准备、工器具准备与检查、材料准备、备件准备）、检修工序卡、安全鉴证卡、质量验收卡、完工验收卡、完工报告。

三、检修工序步骤及标准要求

制氢系统01补水泵检修标准程序卡	适用情况	□水泵检修情况下更换一期任一部件	KKS编码： 设备名称：

序号	检修工序	质量标准	见证点
	安健环风险：设备损坏、人身伤害 风险控制措施： ○ 办理热机工作票 ○ 工作负责人对作业人员进行现场作业安全、技术交底 ○ 专人协调，服从指挥		
1	□开工作票，准备好工具、备件及材料。	工作票正确，工具、备件、材料准备。	
2	□电动机电源线由专业人员负责拆除。		
3	□将泵的行程调至"0"刻度线。		
4	□拧下进出口单向阀紧固螺栓，取出阀本体。		
5	□松开油窗和放油丝堵，排净油室内的润滑油。		
6	□拆下进出口单向阀压盖螺栓，取出阀体；松开液压缸螺栓，拆下液压缸缸头，取下隔膜片。		
7	□从泵腔取出压力弹簧，取出柱塞。		
8	□拧下联轴器紧固顶丝，松开电机螺栓并取下电机。		
9	□松开齿轮箱螺栓并移开。		
10	□拧下蜗杆轴承端盖，从电机侧取下蜗杆并取出油封。		
11	□松开涡轮紧固顶丝，旋松涡轮压盖，取下涡轮。		
12	□松开油箱偏心轴侧端盖，取出偏心轴并从轴上退下轴承。		
13	□取下油箱变速箱侧油封，并记录其规格。		
14	□拆下隔膜腔的补油排气阀和安全阀。		
15	□清洗计量泵零部件。		
16	□检查单向阀和阀座，进出口阀座是否平整。		

检修工序卡

四、工艺规程

基本要求：包含设备概况及参数、检修类别及检修周期、检修项目、检修前试验项目及标准、主要备品备件、检修工艺步骤及质量标准、检修后试验项目及标准、检修关键工艺。

制氢设备检修工艺规程

10.1. 设备概况及参数

10.1.1 设备概况

制氢站设备为河北电力设备厂提供的产氢量为10Nm3/h的中压水电解制氢装置，运行方式为连续自动控制运行，检修备用采用储罐储存。

电解槽至储罐采用中压系统，储气罐出口配置自动减压装置，使供给主厂房的氢气压力≥1.0Mpa，当氢气压力≥1.0Mpa时，自动减压装置应能关闭管道阀门并报警。一期工程制氢站内配有1套中压水电解制氢装置（氢气产量10 Nm3/h，操作压力0.5～3.2MPa）并配置1套与水电解制氢装置相同参数的氢气干燥装置，干燥后氢气湿度（露点）<-50℃，制氢站内还设置4台氢气贮罐（几何容积13.9m3，工作压力3.1MPa）。二期制氢站为一套氢气产量10 Nm3/h中压水电解制氢处理装置，2台 V=13.9m3氢气储存罐。二期制氢处理装置利用一期的辅助装置（包含闭式冷却水装置、原料水及碱液配备装置等），氢气减压分配装置对应两套制氢装置和六台氢气储罐，以满足一、二期制氢系统的要求。

10.1.2 主要参数

序号	参数名称	单位	参数值
1	氢气产量	Nm³/h	10（产氢量连续可调范围为额定出力的50%-100%）
2	氧气产量	Nm³/h	5
3	氢气纯度		≥99.8%(V/V)
4	氧气纯度		≥99.2%(V/V)
5	氢气湿度	g/Nm³	4
6	电解槽额定工作压力	MPa	3.14
7	电解槽工作温度	℃	≤90
8	氢氧分离器液位差	Pa	±200
9	电解槽额定工作电流	A	740
10	电解槽总电压	V	62-72
11	直流电耗	KWh/Nm³h	4.8~5.0

制氢设备检修工艺规程

2×660 MW 机组化学专业检修规程

第七章 应 急 管 理

一、应急处置

（1）应当根据风险评估情况、岗位操作规程以及风险防控措施，组织本单位现场作业人员及相关专业人员共同编制现场处置方案。

（2）发生氢气泄漏引起的火灾、爆炸时，各单位应当立即启动应急预案及响应程序，采取有效措施进行紧急处置，消除或者减轻事故危害，并按照国家规定立即向事故发生地县级以上安全生产监督管理部门报告。

（3）制氢室着火时，应立即停止电气设备运行，切断电源，排除系统压力，采用二氧化碳灭火器灭火。由于漏氢而着火时，采用二氧化碳灭火并用石棉布密封漏氢处，使氢气停止逸出，或采用其他方法断绝气源。

（4）系统报警等级的设置应同事故应急处置与救援相协调，不同级别的事故分别启动相应的应急预案。

（5）定期演练。

综合应急预案

（6）氢气泄漏并着火时处理应符合以下要求：

① 氢气泄漏引发火灾、爆炸，应及时切断气源；若不能立即切断气源，不得熄灭正在燃烧的气体，并用水强制冷却着火设备；此外，氢气系统应保持正压状态，防止氢气系统回火发生；

② 采取措施防止火灾扩大，如采用大量消防水雾喷射其他可燃物质和相邻设备；如有可能，可将燃烧设备从火场移至空旷处；

③ 氢火焰肉眼不易察觉，消防人员应佩戴自给式呼吸器，穿防静电服进入现场，防止外露皮肤烧伤。

（7）氢气发生大量泄漏或积聚时，应采取以下措施：

① 应及时切断气源，并迅速将泄漏污染区人员撤离至上风处；

② 对泄漏污染区进行通风，对已泄漏的氢气进行稀释，若不能及时切断气源，应采用蒸汽进行稀释，防止氢气积聚形成爆炸性气体混合物；

③ 若泄漏发生在室内，应使用吸风系统或将泄漏的气瓶移至室外，以避免泄漏的氢气四处扩散。

① 切断电源　　　　　　　　　② 电话报火警　　　　　　　　　③ 与消防队情况交接

④ 指出着火部位

⑤ 灭火器灭火

⑥ 准备水龙带

⑦ 现场灭火

二、防护用品和应急救援物资

发电企业应配备必要的防护用品和应急救援物资，防护用品和应急物资配备数量不得少于下表规定。

发电企业防护用品和应急救援物资配备数量要求

序号	应急救援物资名称	数量	储存地点	保管人
1	化学安全防护眼镜	1 副/人	氢站值班室	当班运行人员
2	防护手套	1 副/人	氢站值班室	当班运行人员
3	便携式氢气检测仪	1 台	氢站值班室	当班运行人员
4	手电筒	1 支/人	氢站值班室	当班运行人员
5	手持式应急照明灯	1 部	氢站值班室	当班运行人员
6	对讲机	2 部	氢站值班室	当班运行人员
7	医用2%稀硼酸/1%醋酸（500 mL）	各1瓶	氢站值班室	当班运行人员
8	急救药箱	1 箱	氢站值班室	当班运行人员
9	正压式呼吸器	1 套	氢站值班室	当班运行人员

防护用品和应急救援物资

第八章 标 志 标 识

一、总体标识

1. 氢站安全标志

（1）多个警示标识在一起设置时，应按警告、禁止、指令、提示类型的顺序，先左后右、先上后下排列。

（2）制氢站入口应设置以下安全警示标志及安全装置。

① 制氢站出入口醒目位置应装设以下安全警示标志："注意安全""当心爆炸""未经许可不得入内""禁止烟火""禁止带火种""禁止使用无线通信""禁止穿带钉鞋""禁止穿化纤服装"等禁止标识牌；

② 制氢站出入口醒目位置应装设"制氢站出入管理制度""重点防火部位"文字标识牌和带有"火种箱"标示的火种箱；

③ 制氢站围墙外侧醒目位置应标注"氢站重地 30 米内严禁烟火"字样；

④ 制氢站入口处应装设静电释放器，并在其上悬挂"静电释放器"名称标志牌。

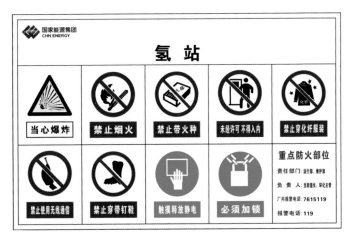

氢站警示牌

氢站出入管理制度、氢站防火防爆管理制度

火种存放箱

重点防火部位标识牌

"氢站重地 30 米内严禁烟火"警示标识

（3）电解制氢间入口应设置以下安全警示标志及安全装置：

① 电解制氢间入口处应装设"注意通风"警示牌及"制氢室内禁止脱衣"文字标志牌，在静电释放器上悬挂"静电释放器"名称标识牌并在静电释放器旁装设"触摸释放静电"指令标识牌；

② 电解槽处应悬挂"当心触电"警示标志。

（4）氢站配电室入口应装设"未经许可，不得入内"指令标识牌。

（5）制氢站化学药品储存间、配药间、化验间。

① 制氢站化学药品储存间、配药间、化验间出入口处，应装设"当心腐蚀"提示性标志牌；

② 制氢站化验间和配药间操作台上方应设置"必须戴防护眼镜""必须戴防护手套"指令标志牌；

③ 室内应配备急救药箱、中和溶液；

④ 应装设紧急洗眼装置，并在其上方 0.5 m 处装设"紧急洗眼水"提示标志牌。

（6）在供氢站、氢气罐、充（灌）装站和汇流排间周围设置安全标识。

（7）根据《危险化学品重大危险源辨识》（GB 18218）辨识出的重大危险源（以及其他被认定的重大危险源）应在氢站明显位置设置重大危险源安全告知牌。

（8）在氢站明显位置应设置作业岗位职业危害告知卡。

重大危险源安全告知牌

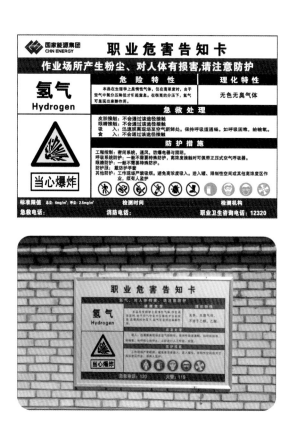

职业危害告知卡

2. 消防、应急安全标志

（1）场所应有逃生路线标志，疏散通道中"紧急出口"标志宜设置在通道两侧部及拐弯处的墙面上，疏散通道出口处"紧急出口"标志应设置在门框边缘或门的上部。方向辅助标志应与其他标志配合使用。

（2）消防、应急安全标志应表明下列内容的位置和性质：

① 火灾报警和手动控制装置；

② 火灾时疏散途径；

③ 灭火设备；

④ 具有火灾、爆炸危险的位置或物质。

消防、应急安全标志

3. 设备标识

（1）设备标志宜采用标志牌的形式，标志牌基本形式为矩形，衬底为白色，边框、编号文字为红色（接地设备标志牌的边框、文字为黑色），黑体字，字号根据标志牌尺寸、字数适当调整，宜采用反光材料制作。根据现场安装位置不同，可采用竖排。形式可因地制宜，但应结合设备本身固有尺寸、特点，做到整体协调、美观、清晰、醒目。

（2）设备命名应为双重名称，由设备名称和设备编号组成，企业可根据需要在设备标志中增加设备编码。

（3）设备、建（构）筑物名称应定义清晰，具有唯一性。功能、用途完全相同的设备、建（构）筑物，其名称应统一。

（4）设备、名称中的序号应用阿拉伯数字加汉字"号"或大写英文字母表示。

（5）电动机名称可直接喷涂在电动机本体醒目位置（如风扇罩上），字体颜色采用黑色或白色。

（6）容器设备标志牌安装要求：设备高度超过 2 m 时，标志牌应安装于其下缘距地面 1.5 m 且左右居中的位置；设备高度低于 2 m 时，标志牌应安装于设备中部。

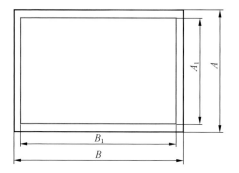

机电设备标志牌参数　　　　　　　　　　mm

参数 种类	B	A	B_1	A_1
甲	700	500	642	450
乙	600	450	550	405
丙	500	400	460	360

#3氢气储罐

Y0QJA61BB001

氢气分离器

Y0QJA55BB001

阀门标志牌

禁止阻塞线

4. 阀门标志牌

阀门标志牌应标明阀门名称、编号和开关操作方向，阀门手轮的旋转方向应以区别于底色的颜色标明。

5. 禁止阻塞线

在制氢站、电解制氢间、氢气纯化间、氢气压缩机间、氢气灌装间、氢气储罐间、氢站配电间、化学药品储存间、配药间、化验间、值班间入口处及地下设施入口盖板上、电缆沟盖板上方、屏柜备用间隔盖板上、灭火器存放处、电源盘前应画设"禁止阻塞线"。

禁止阻塞线标准为：

① 色条宽100 mm，间隙100 mm，角度45°，黄色条向左下方倾斜；

② 灭火器存放处、电源盘前：长与标注物等长，宽为标注物前800 mm；

③ 刷漆时先用胶带将不需要涂色的位置贴上，然后刷上黄色油漆色条，油漆干燥后将胶带揭下。

6. 安全警戒线

控制盘（台）前、配电盘（屏）前、落地旋转机械设备周围、制氢电解槽和制氢设备控制盘(柜)周围应标有安全警戒线。

安全警戒线画设规范为：

① 控制盘（台）前、配电盘（屏）前安全警戒线边缘距设备边缘距离 800 mm；

② 落地旋转机械设备周围、制氢电解槽和制氢设备控制盘（柜）四周安全警戒线距离设备边缘 800 mm；

③ 安全警戒线线宽 100 mm，黄色。

7. 防绊线

防绊线标注在人行通道地面上高差 300 mm 以上的管线或其他障碍物上。

防绊线采用红黑相间反光条或反光油漆涂刷。安全防绊线线宽 100 mm，间隔 100 mm。

8. 防止碰头线

防止碰头线标注在人行通道高度不足 1.8 m 的障碍物上。

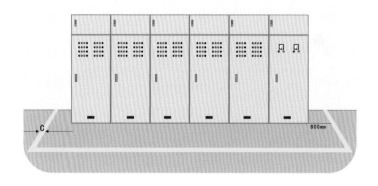

安全警戒线

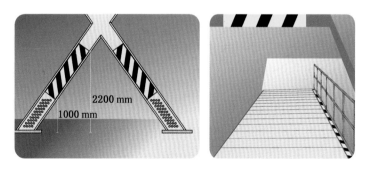

防止碰头线

防绊线

9. 静电释放器

（1）制氢站、电解制氢间、氢气纯化间、氢气压缩机间、氢气灌瓶间、氢气储罐间入口处应设置静电释放器，并在其上悬挂"静电释放器"名称标志牌。

（2）静电释放装置地面以上部分高度宜为 1.0 m，底座应与氢站静电接地网进行连接。

（3）人体静电释放器的选用需符合以下规定：

① 人体静电释放器应选用防爆人体静电释放器，不应以金属静电接地体代替；

② 静电释放装置的安装应严格按照说明书进行，应与装置静电接地网进行连接；

③ 在使用过程中保持防爆静电释放触摸体的清洁；

④ 操作人员触摸静电释放器时应保持手部裸露；

⑤ 在正常使用过程中保持人体与半导体触摸体接触 10～15 s，以使人体静电安全释放。

10. 建筑物标志

制氢站各建筑物出入口应配置建筑物标志牌。

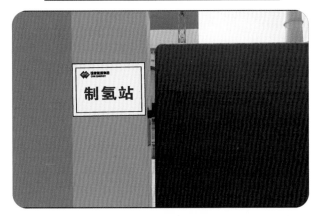

建筑物标志

静电释放器及其标志牌

二、管道标识

（1）管道色环、介质流向等标识：氢气管道为橙色，氧气管道为天蓝色。

（2）工业管道的识别符号由物质名称、流向和主要工艺参数等组成，其标识应包含下列内容：

① 物质名称的标识；

② 物质全称，如氢气；

③ 化学分子式，例如 H_2；

④ 物质流向的标识。

（3）工业管道内的物质流向用箭头表示，如果管道内的物质流向是双向的，则用双向箭头表示。

（4）危险标识。

① 适用范围：管道内的物质，凡属于《化学品分类和危险性公示　通则》（GB 13690）所列的危险化学品，其管道应设置危险标识；

② 表示方法：在管道上涂 150 mm 宽黄色的色环或色带，在黄色两侧各涂 25 mm 宽黑色的色环或色带，安全色范围应符合《安全色》（GB 2893）的规定；

③ 表示场所：基本识别色的标识上或附近。

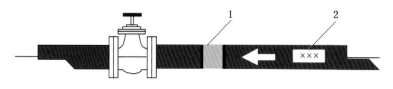

1—危险标识；2—介质名称

管道标识

三、临时标识

检修工作人员活动范围应设置临时提示遮拦，并临时设置"必须戴防护手套""禁止带火种""禁止使用无线通信""禁止穿带钉鞋""触摸释放静电"等指令警示牌。

临时标识